电子科技系列科普绘本

你知道与不知道的

电话

赵轲 著

电子科技大学出版社
University of Electronic Science and Technology of China Press

成都

AR读本这样用

1 用手机或平板扫描上方二维码，下载"云观博"APP。

2 选择社教中的"电子科技博物馆"AR社教读本，点击AR功能。

3 扫描有 👁 （小眼睛图标）的页面。

4 看图片、听语音、玩转3D还有精彩视频，让你全方位了解这件了不起的发明。

姓名：小科
身份：6岁的小男孩，喜欢电子科技产品
性格：充满好奇，喜欢探索和提问

姓名：贝尔
身份：神秘而博学的科学家，
　　　电话专利拥有者

序章：参观博物馆

小科在参观电子科技博物馆的时候，对展柜中各式各样的电话机器充满了好奇，讲解员老师说这是一种可以传送与接收声音的远程通信设备，这难道就是以前的手机吗？

以前的电话原来长这样呀！

"沃森先生，快来帮帮我！"

这天晚上，小科进入了奇妙的梦境，他竟然在那里接到了贝尔先生的来电！

1876年，贝尔用两根导线连接两个结构完全相同、在电磁铁上装有振动膜片的送话器和受话器，实现了两端通话。"沃森先生，快来帮帮我！"这是他通过电话传送出的第一句话。

虽然这时的通话距离尚短且效率较低，但在当时却是一项伟大的技术革新。

被"驯化"的通讯：早期的信息传播方式

贝尔先生，那在电话被发明之前，
人们是如何传播信息的呀？

2 后来饲养和培训对地球磁
场感觉灵敏的信鸽，来传递异
地的信件和军事消息。

1 人们建造了烽火台，通
过点燃烟火来传递重要的军
事消息。

想一想

你知道这些通信方式属于远
距离的实时通信还是远距离延时
通信吗？

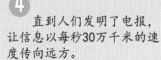

④ 直到人们发明了电报，让信息以每秒30万千米的速度传向远方。

这是怎么运作的呢？要先把拟好的电报稿转译成电码，由报务员发出电报，再经另一方的报务员收到后转译为文字，投送给收报人。

③ 人们还设置了驿站，利用马、车、船等工具，以人工运输的方式来传递官方文书和军情。

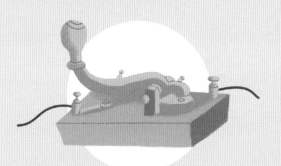

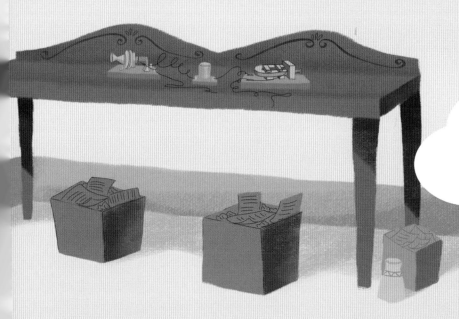

虽然电报的出现已经大大缩短了通信时间，但人们仍然期待着更及时、高效的双向信息交流，于是电话就出现啦！

电话的原理

　　那电话的原理到底是怎样的呢？

　　电话可以完成声电转换实现双方通信，话筒将人的声音转换为电流信号，通过线路传输到对方听筒后再将电流信号转换为声音。

　　常用的传输设备有电缆、光纤等，它们的功能是传输信号。

声波

谁才是电话之父？

我在1876年制作了"贝尔机"，为此还获得了电话的专利呢！

贝尔先生真了不起，可以为我签个名吗？

格雷　　　贝尔　　　　　　　安东尼奥

　　早在18世纪，欧洲便开始了远距离传送声音的研究。

　　1854年，移居美国的意大利人安东尼奥·梅乌奇制作出一种"会说话的电报机"。这种会振动的膜片的原理是通过振动使电流发生变化，再将相同的振动传递给接收膜片，从而还原成话语。

　　1876年，亚历山大·贝尔发明了大家熟知的电话，并在1876年3月获得电话专利。

　　1876年2月，几乎与贝尔同一时期，美国人格雷独立完成了电话机的原理设计，随后递交电话专利申请，并与贝尔就电话发明提出了诉讼。最后因为贝尔的磁石电话与格雷的液体电话有所不同，而且比格雷早几个小时提交专利申请，因而格雷输掉了官司。

　　电话其实是不同时期、各个地区的科学家共同努力的成果！

神奇的交换机

贝尔

为了实现电话之间的通话，我们使用了很多线路来连接电话，但是当需要互相通话的人越来越多，线路就会越来越乱，这怎么办呢？

安东尼奥

格雷

小科

可是人们的电话是怎么打给多个人的呢？

想一想

如果要使小科和三位科学家之间能互相通话，至少有多少线路需要接通呢？

交换机的出现解决了人们的问题，人们通过交换机来连接各路电话。

贝尔

插绳式人工交换机

安东尼奥

格雷

小科

各式各样的电话

听筒话筒分离式电话

拨盘电话

磁石电话

数字电话

按键电话

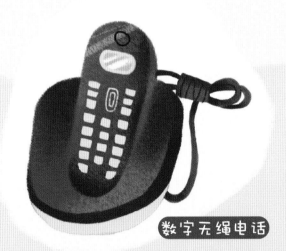

数字无绳电话

　　随着技术的发展与迭代，作为终端设备的电话也经历了设计更新。从听筒话筒分离式电话到磁石电话（又叫摇把电话），到拨盘电话，再到按键电话，最后到无绳电话。电话的造型是不是越来越眼熟了呀？

从电话到手机

电话出现以后，为了方便生活中的使用，人们又先后发明了移动通信电话、"肩背电话"和砖头大小的无线电话等，直到现在才出现了你所熟知的手机哦！

不过，现在的人们使用手机可不只是用于通信哦！

手机，又叫做移动电话，是可以在较广范围内使用的便携式电话终端。随着时代的推进，移动电话也有了翻天覆地的变化。现在我们所熟知的"智能手机"不仅能实现基本的通话功能，还能像个人电脑一样具有独立的操作系统，并通过安装软件程序来扩充使用功能。它已经成为人们生活中不可缺少的一部分。

尾声

　　小科一觉醒来，惊奇地发现挂在墙上的衣服上贝尔的签名，他回想起和贝尔一起探索电话的奇幻梦境，更加坚信，在博物馆总会有"奇遇"！